Colonie de Madagascar

TULÉAR

ET LE

SUD-OUEST

PAR

H. LAMAZIÈRE

Adjoint des Affaires Civiles à Madagascar

PARIS

IMPRIMERIE E. PERSON

259, Boulevard Voltaire

—

1901

TULEAR ET LE SUD-OUEST

Colonie de Madagascar

TULEAR

ET LE

SUD-OUEST

PAR

H. LAMAZIÈRE

Adjoint des Affaires Civiles à Madagascar

PARIS

IMPRIMERIE E. PERSON

259, Boulevard Voltaire.

1901

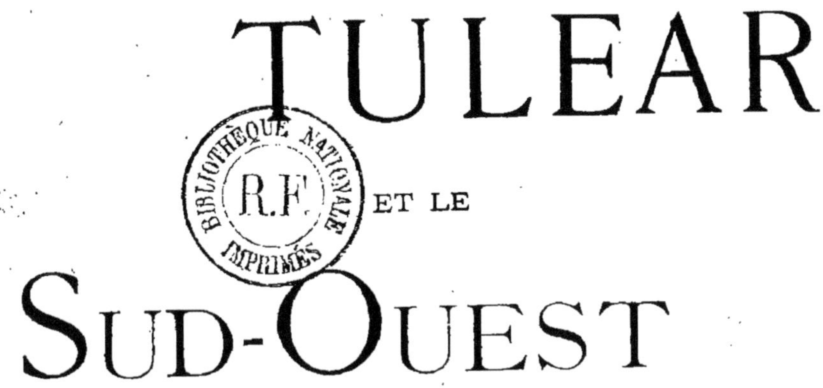

Après un séjour de deux ans et demi dans le sud-ouest de Madagascar, j'ai pensé faire œuvre utile en indiquant brièvement au public de France, —. qui se passionne chaque jour davantage pour les questions coloniales, — l'aspect de cette région, les habitants et leurs coutumes, les productions, le commerce, enfin les entreprises qu'on pourra tenter avec succès.

Je profite de cette courte introduction pour rendre hommage à l'officier distingué qui commanda le Cercle de Tulear, de juin 1898 à mai 1900, M. le chef de Bataillon Toquenne, de l'Infanterie de marine, sous les ordres duquel j'ai fait mes premières armes utiles et fructueuses dans l'administration coloniale.

Avril 1901. H. Lamazière.

Colonie de Madagascar

TULÉAR ET LE SUD-OUEST

I. — Aperçu Géographique et Économique

La région du sud-ouest, que je me propose d'étudier, se trouve située entre le fleuve Mangoky au nord et le cap Sainte-Marie au sud. Cette région comprend administrativement : 1° le Cercle militaire de Tuléar entre le fleuve Mangoky et le fleuve Onilahy d'une part, entre le canal de Mozambique et les rivières Malio et Isakamaré d'autre part, — et 2° sa dépendance, le secteur des Mahafaly, au sud. C'est principalement du Cercle de Tuléar que j'entretiendrai le lecteur, le pays Mahafaly n'étant encore connu que superficiellement.

La Côte. — Avant de pénétrer dans l'intérieur examinons la côte. Au large, en mer, suivant une direction parallèle, se trouve une muraille naturelle formée par un récif de corail, muraille dangereuse pour la navigation, quand le récif se trouve à fleur d'eau et très près de la côte, mais, par contre, devenant une digue admirable dans les endroits où le récif domine un peu les flots et se trouve à quelque distance de la côte, à 3 kilomètres par exemple, comme à Tulear, dont la baie constitue, par suite de l'existence même de ce récif, un des ports les plus sûrs de la grande Ile.

La côte elle-même est basse, sablonneuse, bordée de dunes, et, par ce dernier caractère, elle rappelle un peu nôtre côte de la mer du Nord, aux environs de Dunkerque.

Au point de vue de la flore : des massifs de palétuviers d'un vert sombre qui tranche agréablement sur la blanche monotonie de cette côte, quelques tamariniers, fournissant de beaux ombrages, et surtout de nombreux cactus épineux ou figuiers de Barbarie d'une laideur remarquable, mais aussi d'une grande utilité, puisqu'ils sont à peu près le seul végétal qu'on ait trouvé jusqu'ici pour fixer les sables dans cette région. Les dunes du rivage s'avancent en effet vers l'intérieur d'une façon continue, suivant une direction S. O.-N. E. sous l'impulsion du vent du Cap qui souffle dans ces parages pendant presque toute l'année. C'est là un fait fâcheux qui peut gêner le développement et les progrès de Tulear, uniquement en tant que ville bien entendu. Aussi la fixation des dunes des environs de ce port figure-t-elle au nombre des travaux publics, les plus importants à accomplir dans la région. M. le commandant Toquenne préconisait dans ce but des plantations de pins d'alep, d'alfa et aussi de téosinte.

Au point de vue de la faune : des caïmans, qui dorment paisiblement sur les bancs de sable des rivières ou des flaques d'eau; de nombreux oiseaux aquatiques, des canards sauvages, des flamants, des aigrettes au plumage si précieux; enfin quelques chèvres broutant çà et là les rares touffes d'herbe qui ont bien voulu surgir d'elles-mêmes au milieu de ces sables secs.

Au point de vue social : des villages de paillottes éparpillés sur les dunes et habités par une population paisible, composée presque exclusivement de pêcheurs.

La zone côtière. — Que le voyageur franchisse ce rideau de dunes, et il se trouve alors dans une première zône parallèle au rivage, que j'appellerai la zône côtière, d'une largeur moyenne de 12 kilomètres, constituée par une plaine argilo-sablonneuse, fertile dans tous les endroits arrosés, soit naturellement, c'est-à-dire par les canaux d'eau, soit artificiellement, c'est-à-dire par les canaux d'irrigation qu'a creusés la main de l'homme. Cette première zône, c'est la brousse, avec ses herbes hautes, ses arbustes de 1 à 2 mètres, ses euphorbiacées et ses lataniers, ses baobabs et encore des tamariniers, et encore des cactus; mais c'est aussi la terre des cultures indigènes, cultures de pois du Cap, sorte de gros haricot donnant lieu à une exportation importante sur la Réunion et l'Ile Maurice, cultures de maïs, de manioc, de patates douces, de haricots de petite espèce, désignés par les indigènes sous les noms de antaké, lojy, ampemby, enfin cultures naissantes de légumes d'Europe, toutes cultures qui s'étendent chaque jour davantage, au détriment de la brousse, grâce à la multiplication des canaux d'irrigation dans la confection desquels les Sakalaves sont très habiles.

La zone du Plateau. — Poursuivant notre route vers l'intérieur, nous arrivons à une deuxième zône, la zône du plateau. Ce plateau, d'une hauteur variant entre 100 et 500 mètres, est formé de roches calcaires de l'époque secondaire, reposant sur des assises de grès. Ici, il faut l'avouer, c'est le point noir de la région : peu ou point d'eau, par conséquent peu ou point de végétation. Les rivières, elles-mêmes, — et notamment le Fiherenana, qui débouche à deux kilomètres au nord de Tulear, — franchissant ce plateau d'une façon presque continue, dans des sortes de couloirs, n'ont laissé sur leurs rives qu'une place très restreinte pour la culture.

La zône des plaines mamelonnées. — Mais ne nous lamentons pas! De l'autre côté de ce plateau, qu'il nous faut un jour et demi ou deux pour traverser, nous attend une vaste région fertile et bien arrosée : les plaines mamelonnées des pays Bara et Tanosy, se relevant insensiblement jusqu'au massif de l'Isalo, qui est le trait d'union rattachant cette région du sud-ouest aux grands plateaux du centre de l'Ile. Toutefois, signalons un massif montagneux, qui est le centre orographique de la province, l'Analavelona (1300 m. d'altitude), conséquence d'un soulèvement volcanique qui a crevé la couche de sédiments.

Dans cette troisième zône, ce ne sont plus seulement les cultures indigènes de la zône côtière, mais en outre les rizières et aussi les pâturages où paissent de nombreux troupeaux de bœufs et quelques troupeaux de moutons.

Pays des Mahafaly. — Quant à ce qui est du pays Mahafaly, encore insuffisamment connu, je donnerai simplement ces quelques indications qui ont leur valeur au point de vue économique : il est pauvre en cultures indigènes, c'est vrai; mais, par contre, les pâturages qui bordent les rivières, — ainsi que ceux du pays Tanosy, — sont à peu près les seuls à Madagascar où vivent naturellement les moutons.

De plus, la région Mahafaly, comme sa voisine orientale la région Tandroy, possède de grandes étendues plantées d'un arbuste à caoutchouc très remarquable, l'intisy, le seul qui se coagule à l'air libre sans le secours d'aucun acide.

Météorologie et climatologie. — La région du sud-ouest de Madagascar est certainement, après celle des plateaux de l'Imerina et des Betsileo, la plus salubre de l'île et la plus habitable pour l'Européen. Cette salubrité vient peut-être de ce que les pluies y sont beaucoup moins abondantes que dans les régions nord-ouest et est. Sur la côte le vent du sud, qui souffle presque chaque jour depuis midi jusqu'à la nuit, abaisse d'une façon sensible la température.

Au point de vue thermométrique, les observations que j'ai faites à Tulear, pendant deux années consécutives, me permettent de fournir les renseignements suivants :

Température moyenne, diurne et nocturne :

Saison chaude (novem.-avril) : 26°5 centigrades.

Saison froide (mai-octobre) : 15°   —

Température moyenne diurne :

Saison chaude (9 h. du matin) : 29° (3 h. du soir) : 30°5.

Saison froide (9 h. du matin) : 21° (3 h. du soir) : 23°

Température minimum : 9° (6 heures du matin, en juin).

Température maximum : 38° (11 heures du matin, en février.

Les pluies sont assez abondantes dans l'intérieur, où elles tombent d'une façon régulière de novembre à avril. Par contre elles sont rares sur la côte. A Tulear, pendant la saison chaude 1899-1900, on a relevé :

14 pluies légères

10 pluies ordinaires ou fortes

3 pluies très fortes.

II. — Les Habitants du Sud-Ouest

Quels sont les habitants de cette région que nous venons de parcourir à grands pas et qui représente à peu près, — non compris le pays Mahafaly, — l'étendue de cinq départements français.

En premier lieu les Indigènes, au nombre de 70.000, se répartissant entre trois races différentes : les Sakalaves, qui occupent une large bande parallèle au littoral (1ʳᵉ et 2ᵉ zône), puis en arrière de cette bande les Bara-Imamono au nord et les Tanosy au sud.

Viennent ensuite :

500 ou 600 Makoa ou nègres émigrés de la côte d'Afrique,
200 ou 300 Hova,
    100 Indiens,
    100 Colons français originaires de la Réunion,
    20 Colons européens de diverses nations,

enfin une quinzaine de colons français, originaires de la métropole.

LES INDIGÈNES

Examinons les Indigènes au point de vue de leur origine, au point de vue de leur caractère et de leurs mœurs, de leur religion, enfin au point de vue de leur coutume légale.

1°. *Origine*. — Sans entrer dans une étude approfondie de l'ethnographie malgache, j'indiquerai simplement la solution à laquelle sont arrivés les ethnographes de nos jours : les Malgaches se rattachent au type noir indoocéanien; ils sont d'origine malaise puisqu'ils parlent d'un bout à l'autre de l'île une « même » langue (disent les ethnographes) qui est sœur de la langue malaise.

A la suite de cette première invasion indo-océanienne, dont on ne peut fixer la date, sont venues, au milieu du XVIe siècle, plusieurs familles javanaises.

Mais tandis que ces Javanais se sont conservés purs, ne se sont mêlés à aucune autre race, se sont isolés, comme en un nid d'aigle, sur les plateaux de l'Imerina, où ils retrouvaient sans doute leur climat d'origine, et sont devenus les Hova d'aujourd'hui, qui ont bien en effet l'aspect asiatique, les Indo-Océaniens ont subi des contacts étrangers, se sont alliés à d'autres races venues du dehors, Indiens, Arabes, nègres d'Afrique etc... et ont ainsi donné naissance aux différentes tribus qui occupent Madagascar.

2°. *Caractère et mœurs.* — Les Malgaches sont en général doux; aussi, — c'est du moins mon avis, — le gouvernement les maintiendra-t-il dans la paix et la soumission plus par la douceur que par la violence. Et ce n'est qu'après avoir usé de tous les procédés pacifiques, et dans le cas surtout où l'on se trouvera en présence d'un groupement hostile et bêtement buté à son indépendance, qu'on devra sévir par les armes et donner le « coup de boutoir », le plus rapidement possible afin de ne pas appauvrir le pays. A ce sujet je rappellerai les paroles fort justes de M. le commandant Toquenne, extraites de ses Instructions générales du 11 octobre 1898 : « Les chefs « européens doivent tenir pour base de leur conduite « qu'ils ont affaire à une population douce, facile à vivre, « paresseuse et n'ayant pas été habituée à obéir. Nous ne « pouvons pas la changer; il faut vivre avec elle en l'éle- « vant peu à peu jusqu'à nous. Il faut réfréner notre « impatience et savoir qu'avant une génération notre « esprit européen ne sera pas satisfait. Il ne faut jamais

« de formes dures, mais la douceur, dont les indigènes
« nous donnent l'exemple, n'exclut pas la fermeté. »

Ils sont très hospitaliers, d'une hospitalité qui choque
même un peu nos mœurs et rappelle assez l'hospitalité
des Lapons dont nous parle Regnard: le gîte, le souper
et... le reste.

Leur plus grand défaut est la paresse. Un proverbe
malgache, qui est presque l'opposé du *time is money*
des Anglais, dit ceci: « Reposons-nous, le temps ne nous
manque pas. »

Ils sont très bavards, ils parlent pour le plaisir de
parler; s'ils ont une affaire importante à vous commu-
niquer, ils commenceront toujours par vous dire lon-
guement des choses futiles. Une discussion eut lieu jadis
chez les Mahafaly au sujet d'un bœuf : elle dura quinze
ans.

La pêche, la culture, la garde du bétail, quelquefois le
commerce, telles sont les occupations des hommes; mais,
ruminant toujours en eux-mêmes leur adage de paresse,
c'est sans grande ardeur qu'ils se livrent à ces travaux,
coupés d'ailleurs par de longs instants de repos. Fréquemment le travail est suspendu toute une journée à
cause des cérémonies de famille, — et elles sont nom-
breuses, — ou d'un repos forcé à la suite de trop
copieuses libations. Quand un individu meurt dans un
village, tous les habitants l'accompagnent à sa dernière
demeure, car chez les Salakaves on est toujours plus ou
moins parent du défunt. Songez donc! à la fin de la cérémonie chacun des assistants avalera plusieurs rasades
de rhum pour faire plaisir aux mânes de celui qui n'est
plus.

Quant aux femmes, elles préparent à la case le frugal
repas du matin et du soir; entre temps, elles se promè-
nent ou jouent de l'accordéon d'une façon d'ailleurs très
agréable. Sur la côte, elles vont en bandes joyeuses,
chantant et courant, pêcher la crevette et le petit poisson
dans les eaux basses du rivage.

« Un de leurs passe-temps favori, dit M. l'explorateur
« Bastard, est de se chercher les poux dans la tête : elles
« font cela en bavardant comme chez nous les jeunes
« demoiselles de la tapisserie. Il arrive (rarement !) qu'une
« jeune fille manque de cette denrée, je veux dire d'in-
« sectes dans la tête, parce qu'elle s'est fait faire la veille
« une chasse trop assidue. Alors elle s'en fait prêter et
« repeuple rapidement sa chevelure avec des emprunts
« faits à ses bonnes amies qui ne refusent pas ce service.
« Quelle volupté de se faire taquiner à nouveau sa forêt
« crépue, la tête paresseusement appuyée sur la cuisse
« de l'amie attentive à la chasse ! »

Mais la grande distraction des peuples de la région
c'est la « lutte pour rire », le mouringue. Le plus réussi
est, au dire des indigènes, celui de Tulear.

Dans ces splendides nuits de clair de lune, telles qu'on
les ignore en France, hommes et femmes se rendent d'un
pas cadencé sur un point déterminé de la plage, tout en
chantant avec un ensemble parfait une mélodie, une seule,
mais celle-là délicieuse. Un cercle se forme et la lutte à
main plate commence, acharnée mais jamais dangereuse
et toujours suivie de la poignée de main traditionnelle que
se donnent les adversaires. Les spectateurs suivent avec
passion les phases de la lutte, poussent des clameurs et
applaudissent aux bons coups, surtout les femmes, — et
il en est de jolies, — qui se sont parées de leurs plus beaux
« lambas » pour la circonstance.

3° *Religion.* — Au point de vue religieux, les Malgaches
croient en un Dieu unique, assez vague, dont ils ignorent
totalement les attributs, et, comme ils sont persuadés que
ce Dieu est souverainement bon et ne peut faire de mal à
personne, ils s'empressent de ne prendre aucun souci de
lui et ne lui rendent aucun culte.

Par contre ils professent un respect presque religieux
pour leurs ancêtres, dont la mémoire n'est jamais délaissée
dans les cérémonies de famille.

Les Malgaches, et principalement les Sakalaves, ont foi dans les sorciers. Ces derniers jouent un assez grand rôle dans la vie sociale: ce sont eux qui vendent les « aoly » ou talismans qui vous mettent à l'abri de tous les maux et de tous les accidents de la vie. Ces « aoly » sont toutes sortes de menus objets : bouts de cuivre, morceaux de bois sculptés, perles etc... que le sorcier arrose de graisse de bœuf fondue.

4°. *Coutume légale.* — Avant d'aborder l'étude détaillée des différents points de la coutume légale, il importe de donner quelques renseignements préliminaires.

Vers le milieu de l'année 1898 était créé à Tulear un tribunal indigène composé du chef de la province, président, de deux assesseurs indigènes et d'un greffier européen. Ce tribunal était chargé de juger les délits commis par des indigènes au préjudice d'indigènes, et d'appliquer, dans ce cas, soit la loi pénale française, soit le code Hova de 1881, soit enfin la coutume locale; ce tribunal était chargé en outre de régler les nombreux litiges civils entre indigènes, litiges concernant la propriété et surtout litiges se rapportant au droit de la famille, et, dans ce cas, il devait faire une application exclusive de la coutume indigène. — Je déclarerai, en passant, que la justice civile indigène, rendue d'une façon paternelle, faisant abstraction de toute procédure longue et formaliste, et surtout basée strictement sur la coutume indigène, a été un des plus puissants instruments de la conquête du sud-ouest. Après que les armes ont eu fait leur œuvre, ont eu assuré la paix, la justice indigène nous a conquis sinon l'amitié des habitants du sud-ouest, du moins leur attachement et leur fidélité. Le jour où l'indigène a vu que la propriété du champ, du terrain que lui avaient transmis ses ancêtres ou que lui avait donné un roi de la région, était respectée par les « Vazaha » et ne dépendait plus du caprice d'un chef de village ou d'un chef de tribu; le jour où l'indigène a vu que, malgré notre conquête, malgré notre puissance, nous ne portions aucune atteinte à ses mœurs familiales, ce jour-là, dis-je, l'indigène, qui s'était enfui dans la brousse en 1897 pour faire acte de rébellion, est revenu dans son village, a reconstruit sa case, s'est remis à cultiver son champ, bref a vécu en homme confiant à nos côtés.

Or, à l'époque de la création du Tribunal indigène de Tulear nous ignorions les coutumes sakalaves. J'eus l'honneur d'être chargé par le commandant du cercle de dresser une sorte de recueil de ces coutumes, ce que je fis avec l'aide d'une dizaine de Sakalaves que j'avais choisis parmi les vieux chefs de la région.

J'ajouterai pour terminer ces préliminaires que les coutumes Bara, Tanosy et Mahafaly ne diffèrent de la coutume sakalave que par des points de détail.

Droit des personnes: Mariage. — Le jeune homme passe plusieurs nuits avec la jeune fille, et, si elle lui a plu, il en fait part à son père. Celui-ci va trouver le père de la jeune fille et lui demande d'une façon vague des semences (tabiry). Le père de la jeune fille énumère, en les lui offrant, les plantes les plus répandues de la contrée. A chacune, l'autre répond négativement, puis, quand toutes les semences ont été énumérées: « Ce n'est pas cette semence-là que je te demande, lui dit-il, mais la semence pour grandir (tabiry fañhabe). » Le père comprend qu'il s'agit de sa fille; il la présente et lui dit: « Un tel te demande en mariage ». Si la jeune fille est consentante son père dit au père du jeune homme d'amener le bœuf pour faire le « fandeo » (mot à mot l'union), la cérémonie essentielle du mariage, et ne manque pas de lui recommander un bœuf bien gras avec une grosse bosse. Le jour de la cérémonie venu, le bœuf est partagé entre les différents membres des deux familles suivant un protocole très formaliste. La mère de la jeune fille reçoit la bosse; elle en tirera la graisse qui servira suivant l'heure à faire la cuisine ou à pommader les cheveux. Le père de la mariée (c'est lui le mieux servi) a, pour sa part, le filet, une moitié de la poitrine et une cuisse. L'épouse a l'autre moitié de la poitrine, une cuisse et l'épaule; son oncle a une partie des côtes; son frère a l'omoplate etc... Quant à la tête, on la donne aux malheureux du village.

Au commencement de la cérémonie, le père de la mariée, qui préside, s'adressant à Dieu, prononce quelques paroles dans ce sens: « Voici le bœuf que je t'offre, fais vivre ma fille et qu'elle ait des enfants! » On fait même une petite part à Dieu: un petit morceau de filet, un petit morceau de foie, un petit morceau de bosse; et cette part les invités la mangeront tous ensemble à la fin de la cérémonie. Les ancêtres, eux non plus, ne sont pas oubliés: une parcelle de la bosse est jetée sur le feu et leurs mânes se réjouissent d'en avoir la fumée.

Lorsqu'il est procédé au mariage alors que la femme est enceinte, la cérémonie prend le nom de « soro ». Elle se pratique de même; mais, en outre, dans le but de légitimer l'enfant à naître, le mari fait avec son doigt, trempé dans le sang du bœuf, un trait vertical sur le ventre de la femme et tous les parents mâles du mari de faire de même; puis, la femme, à son tour, met du sang sur le ventre de chacun d'eux à commencer par son mari.

Aucun âge légal pour l'aptitude au mariage. La femme est nubile à 12 ans, l'homme à 13 ou 14 ans. On voit des hommes épouser des petites filles de 4 ou 5 ans.

Le consentement des époux est nécessaire, mais il peut être tacite ; celui des parents est également nécessaire pour contracter mariage; toutefois le consentement du père suffit, en général, et même l'homme peut se dispenser du consentement de son père.

Le mari doit protection à sa femme; la sanction de cette obligation est l'amende. Il lui doit aussi la nourriture et le vêtement. Quant au logement, la femme aide le plus souvent le mari a édifier la case commune.

La femme doit habiter avec son mari; la sanction de cette obligation est le divorce. Lorsque la femme allaite son enfant, elle peut faire partager sa natte par un autre que son mari.

L'obligation de nourrir les enfants est exclusivement morale; l'obligation, même simplement morale, de les entretenir et de les instruire n'existe pas.

Le mari détient et administre les biens de la femme; il peut disposer des biens de la communauté dans l'intérêt de la famille, par exemple pour acquitter une amende à laquelle a été condamné un de ses membres.

La femme ne dispose de ses biens qu'avec le consentement de son mari, et celui-ci peut faire annuler une vente à laquelle elle aurait pris part de par sa seule autorité, à moins toutefois que son fils adulte ait participé au contrat.

Répudiation. — Le mari a le droit de répudier sa femme sans le consentement de cette dernière et sans le concours d'aucune autorité. Mais la femme fait constater la répudiation par un chef pour que le mari ne réclame pas dans la suite les enfants qu'elle pourra avoir, et aussi pour le mettre dans l'obligation de lui donner un présent (ifikifiky) qui restera son bien propre si son mari vient à la reprendre.

Divorce. — Le divorce par consentement mutuel existe; les époux n'ont besoin d'aucune autorisation.

Le mari est toujours admis à demander le divorce même sans aucun motif.

La femme, au contraire, n'est admise à demander le divorce que dans un seul cas : quand son mari vit d'une façon continue avec une autre femme. Pour ses infidélités passagères le mari est simplement condamné à donner

à la femme un présent, généralement un bracelet en argent. C'est peut-être ce qui explique le grand nombre de bracelets que portent les femmes sakalaves.

Puissance paternelle. — La puissance paternelle est absolument nulle chez les Sakalaves; l'enfant n'est même pas tenu de demeurer chez son père, il peut aller vivre chez le parent de son choix. Aucune éducation n'est donnée à l'enfant, ou plutôt une seule, la garde des bœufs, et, l'application qu'il apportera dans cette tâche fondera l'opinion de ses parents sur sa valeur morale.

Adoption. — Elle est fréquemment pratiquée chez les Sakalaves, même vis-à-vis des enfants simplement conçus.

Rejet. — On rejette les enfants lorsqu'ils naissent un jour « fady » c'est-à-dire un jour défendu; dans certaines familles c'est le dimanche, chez d'autres c'est le jeudi. Bref un septième de la population se trouve par ce fait supprimé.

On met l'enfant dans un trou, on le recouvre d'une natte, puis un homme pèse dessus et l'étouffe; dans d'autres tribus on lui perce la gorge avec un bois pointu. Je m'empresse d'ajouter que cette coutume sauvage est presque entièrement disparue aujourd'hui. Dans une audience du tribunal indigène de Tuléar, nous avons fait admettre par les populations une solution qui, sans détruire complètement leur coutume, lui enlevait du moins tout caractère barbare: le père ne sera pas mis dans l'obligation d'élever un enfant qui lui ferait déshonneur, étant né un jour défendu, mais il ne devra pas le faire périr. L'enfant sera confié à un proche parent, à un oncle par exemple.

Droit des Biens: Formes de la propriété. — La propriété chez les Sakalaves revêt deux formes: collective et individuelle. Chaque village, représenté par son chef, est propriétaire d'une étendue de terre, où chacun des habitants s'est choisi une part, qu'il cultive, qu'il transmet à ses enfants et qui devient presque un bien privé, avec cette restriction qu'elle ne peut être vendue sans le consentement du chef de village.

La propriété collective tend de plus en plus à disparaître, et le jour n'est pas éloigné où chaque indigène pourra aliéner librement sa terre.

Servitudes. — La servitude de prise d'eau aux canaux d'irrigation est la seule servitude constatée, jusqu'à ce jour, dans la première zône où les terrains de culture sont particulièrement irrigués.

Successions. — Suivant la tradition sakalave, les biens mobiliers laissés par le défunt sont « fady » c'est-à-dire sacrés, prohibés et doivent être détruits, généralement par le feu. De nos jours cette pratique bizarre, tend à disparaître et n'est plus guère respectée que par l'épouse du défunt; quant aux enfants, ils prennent en fait possession des biens de leurs ascendants.

Donations et testament. — L'homme fait à sa femme des présents plutôt que des donations, qui lui restent propres, à l'occasion des différentes cérémonies de la vie civile, mais surtout lorsqu'il commet des infidélités.

Le père donne une dot (tanda) à sa fille, lorsqu'elle se marie. Cette dot consiste le plus souvent en une vache et son petit. Le testament n'existe pas chez les Sakalaves.

Vente. — Quand un Sakalave veut vendre un bien immobilier, il doit en faire part au chef de son village; telle est la seule formalité de la vente.

Pour les Sakalaves, ce qui est vendu, est bien vendu, immédiatement et irrévocablement. Ils ne connaissent ni la vente à condition, ni la vente à réméré.

Echange. — Les échanges de bœufs, moutons, cabris sont les seuls fréquents. Aucune forme particulière n'est observée.

Location. — La location n'existe pas.

Bail à cheptel. — Le gardiennage des troupeaux donne lieu à des conventions rappelant notre bail à cheptel. Il est d'usage que le propriétaire du troupeau donne au gardien une vache au bout de l'année ou un petit veau tous les deux mois quel que soit le nombre de têtes du troupeau.

Prêt d'argent. — Aucune forme particulière. L'intérêt de l'argent est totalement inconnu chez les Sakalaves; mais le contrat de gage est pratiqué assez souvent, et, suivant la coutume, l'objet donné en gage reste la propriété du créancier gagiste si le débiteur ne s'est pas libéré à l'époque fixée.

III. — LES PRODUCTIONS, LE COMMERCE

ET LES ENTREPRISES A TENTER

Mines. — L'île de Madagascar n'a pas répondu jusqu'ici, pour ce qui est des mines riches, aux espérances qu'on avait fondées sur elle. L'or n'a été trouvé que dans les alluvions. En outre, — et ceci est un plus grave mécompte, — il est à peu près certain aujourd'hui que le terrain carbonifère n'existe pas à Madagascar. Par contre différents métaux tels que le fer, le cuivre, peut-être aussi le nickel, pourront donner lieu dans l'avenir à des exploitations importantes.

Toutefois on ne peut rien dire du sud-ouest au point de vue minier, aucune recherche sérieuse n'ayant encore été faite dans cette région.

Cultures indigènes. — Les principales cultures indigènes sont : le maïs, les pois du cap, le manioc, la patate douce, différentes sortes de petits haricots, désignés par les indigènes sous les noms de ampemby, lojy, antaké, très peu de canne à sucre. Les récoltes sont consommées presque entièrement par la population et suffisent à peu près à la nourrir.

Toutefois une double restriction s'impose.

Le pois du cap, ressemblant à notre haricot de Soissons, cultivé en abondance dans la première zône, donne lieu à une exportation importante sur la Réunion et l'Ile Maurice, (800.000 kil. par an).

Les rizières n'existent et ne peuvent exister qu'en pays

Bara et Tanosy, c'est-à-dire dans la troisième zône; or, les Sakalaves, de même que tous les habitants de la grande île, estiment le riz comme leur premier aliment et ils en achètent à bon prix aux commerçants indiens de la côte, qui sont malheureusement à peu près les seuls à tenir cette denrée. Ce fait m'amène à indiquer une première entreprise à tenter avec succès non seulement à Tulear mais dans tous les ports de Madagascar : l'importation du riz.

Les Indiens de Tulear, par exemple, font venir le riz de leur pays par boutres; ce riz provenant de l'étranger est grevé de droits de douane élevés, et de plus les Indiens, se trouvant avoir en fait le monopole de la vente de ce produit, ne le cèdent qu'au prix fort. J'ai vu le riz à un franc le kilogramme à Tulear en mai 1900; en temps ordinaire il s'y vend de 0 fr. 60 à 0 fr. 75.

Pourquoi les Français ne transporteraient-ils pas par voiliers à Madagascar du riz de Saïgon où il coûte 0 fr. 10 le kilog, mettons 0 fr. 11 ou 0 fr. 12 y compris les droits de sortie? J'ai calculé que pour une seule opération faite par un voilier, parti de France à destination de Saïgon, Madagascar et retour, pouvant contenir 200 tonnes de riz, les dépenses totales seraient au maximum de 30.000 fr. et les recettes au minimum de 50.000 fr.; donc 20.000 fr. de bénéfice net.

Et encore, mettant les choses au pis, j'ai supposé qu'on ne trouverait aucun fret à l'aller, de France en Cochinchine, ni au retour, de Madagascar en France, ce qui est improbable.

Parmi les cultures indigènes on trouverait profit à étendre celle du manioc qui est des plus faciles et des moins coûteuses. En 1899, des industriels français ont demandé à notre colonie de leur en expédier des quantités importantes pour en tirer de la fécule, et ils offraient un prix très rémunérateur. J'ajouterai que les feuilles du manioc cuites constituent pour l'Européen un légume vert très sain et d'un goût aussi agréable que celui des épinards.

Aucune des cultures désignées sous le vocable de cultures riches, telles que le café, le thé, le cacaoyer, la vanille, n'a encore été entreprise dans le sud-ouest, et, sans présager d'une façon définitive l'impossibilité de leur acclimatement dans cette région, on peut avoir de grands doutes sur leur réussite.

Caoutchouc. — Le caoutchouc, une des principales richesses de la grande île vient en premier lieu comme produit d'exportation du sud-ouest. Tulear est le port de l'île qui a envoyé en Europe le plus de caoutchouc pendant les années 1898 (84.828 kil.) et 1899 (130.445 kil.). Tamatave et Fort-Daphin ne viennent qu'après. Et en 1899 Tulear a exporté à lui seul plus de caoutchouc que tous les ports de la côte ouest réunis.

Ainsi que chacun sait, le caoutchouc est toujours très demandé sur les marchés européens; les besoins de l'industrie augmentent chaque jour et peuvent à peine être satisfaits. Il nous importe donc, dans celles de nos colonies qui ont la bonne fortune de posséder le précieux latex, d'en faire durer le plus longtemps possible l'exportation, et par conséquent de faire une culture et une exploitation rationnelles des plantes à caoutchouc.

Celles qui existent à Madagascar sont d'espèces très variées. Dans le sud-ouest, c'est particulièrement une euphorbiacée, désignée, dans la langue malgache, sous le nom d'« intisy ». Cet, arbuste composé de tubes qui se ramifient et ne possédant pas de feuilles, mesure trois mètres de haut et 0 m. 10 de diamètre au maximum. Il pousse très lentement, et en effet les études qu'on a faites ont prouvé qu'il n'atteignait ces dimensions maxima qu'au bout de 35 ou 40 ans.

On ne doit guère songer par conséquent à faire la culture de cet arbuste; mais il, est absolument nécessaire, sous peine de voir s'annihiler en quelques années le commerce du caoutchouc dans le sud-ouest, de changer le mode de récolte barbare employé jusqu'ici par les indigènes. Ceux-ci, qui ne songent pas au lendemain, coupent le végétal à sa base, — et par suite le détruisent, — pour recueillir la plus grande quantité de latex.

M. Girod-Genet, chef du service des forêts à Madagascar, dans une étude approfondie des végétaux producteurs de caoutchouc, donne les indications techniques suivantes, en vue de la conservation du domaine caoutchoutifère à Madagascar :

« Il conviendrait de recommander aux indigènes :

« 1° De ne pas couper les lianes et arbres producteurs « de caoutchouc tant que le végétal peut supporter des « saignées rationnelles;

« 2° De couper au ras du sol tous les végétaux reconnus « susceptibles d'être abattus, tout en veillant à ce que la « racine ne soit pas touchée;

« 3° De ne pas soumettre les végétaux dont les dimen- « sions sont trop faibles à des saignées qui entravent « leur développement, particulièrement les lianes ayant « moins de 0 m. 05 de diamètre, à un mètre du sol et les « arbres ayant moins de 0 m. 12 à la même hauteur;

« 4° De suspendre la récolte du caoutchouc pendant « une partie de l'année, quatre mois par exemple;

« 5° De n'opérer qu'un nombre limité de saignées, six « à dix par liane ou arbre, et avec un instrument appro- « prié dans le sens vertical et non horizontal. »

L'exploitation du caoutchouc est encore une des entreprises à tenter dans le sud-ouest.

Produits donnant lieu à exportation. — Après le caoutchouc, signalons comme produits exportés au sud-ouest, d'après les renseignements fournis par le Bureau des Douanes de Tulear pour l'année 1899 :

La tortue de terre comestible, — dont les créoles sont très friands, — à destination de la Réunion :

7778 kil. représentant un peu plus de un millier de tortues, valeur et frais : 1.074 fr.

— Les bœufs vivants, à destination de Beïra (colonie portugaise de l'Est africain) :

5.000 kil. (environ 20 bœufs), valeur et frais : 1.160 fr.

— Les moutons vivants, même destination :

2.680 kil. (environ 150 moutons), valeur et frais : 1.570 fr.

— Les porcs, même destination :

2.740 kil., valeur et frais : 1.710 fr.

— Les dindes, oies, volailles, œufs de volaille, même destination :

3.597 kil., valeur et frais : 2.407 fr.

— Les peaux de bœufs, à destination de Londres et de Hambourg :

5.515 kil., valeur et frais : 3.866 fr.

— Les cornes de bœufs, à destination de France :
310 kil., valeur et frais : 25 fr.

— Les coquillages à nacre, à destination de Londres, Bombay et France :

7.460 kil., valeur et frais : 1.780 fr.

— Les éponges brutes, à destination de la Réunion :
10 kil., valeur et frais : 2.375 fr.

Les exportations de volailles à destination de l'Afrique du sud sont très rémunératrices et pourront être étendues avec succès.

Les différents produits de la mer, dont l'exploitation n'exige qu'une main d'œuvre très restreinte et que peu de capitaux, donneront lieu à de beaux bénéfices, notamment les coquillages de nacre, les éponges et les poissons qu'on pourra expédier après dessiccation à Maurice et aux Indes.

L'élevage : Bœufs et moutons. — Mais la grande richesse du sud-ouest, richesse de l'heure actuelle et surtout de l'avenir, celle qui doit donner naissance aux plus vastes entreprises et tenter les grands moyens capitaux, réside dans l'élevage du bœuf et du mouton.

Il y a environ 100.000 bœufs dans le Cercle de Tulear, c'est-à-dire plus d'un bœuf par habitant.

A l'heure actuelle le pays Bara-Imamono en exporte de 2 à 300 par an sur Tananarive; mais le véritable mouvement commercial qui s'établira, qui déjà se dessine, sera celui-ci : les bœufs, au lieu d'être envoyés sur l'Imerina, descendront à la côte et seront embarqués, à Tulear, à destination des différents ports de l'Afrique du sud, où ils se vendent un prix élevé. Le Transvaal, l'Orange, la colonie portugaise du Mozambique, le Natal, possédaient, il y a quelques années, de nombreux troupeaux de bœufs; mais les épizooties, et notamment la peste bovine, les ont décimés. Or, à Madagascar, c'est là un énorme avantage, il n'y a jamais eu de cas de peste bovine.

Les Etats de l'Afrique du Sud, où la population européenne et en même temps les besoins de consommation augmentent de jour en jour, sont appelés à devenir nos premiers clients pour la viande de boucherie.

Quant à l'élevage du mouton, j'estime qu'il lui est réservé un grand avenir dans le sud-ouest, la seule région de Madagascar où il vit et se développe naturellement. C'est une entreprise qui convient aux petits comme aux grands capitaux; en outre, le mouton est des plus faciles à élever: il mange là où les grands animaux ne trouvent plus rien. Dans l'Afrique du sud, le mouton aura moins de succès que le bœuf; mais, par contre, toutes les autres régions de notre grande île, tous les ports importants, qui en sont privés, lui assureront un débouché certain. Et pourquoi les moutons malgaches ne se substitueraient-ils pas dans quelques années, avec avantage, aux 100.000 moutons que l'Argentine nous envoie? Ces animaux étrangers valent sur place de 12 à 14 fr., sont transportés en 30 jours par les Chargeurs Réunis à raison de 8 à 12 fr. par tête, et sont vendus à la Villette de 40 à 48 fr.; enfin la mortalité, pendant le voyage, est de 3 %. Eh bien, le voyage ne serait pas plus long de Madagascar en France, par conséquent la mortalité pas plus grande et le fret semblable, et l'avantage serait celui-ci: le mouton malgache pourrait se vendre sur place 8 fr. au maximun, tout en laissant un beau bénéfice à l'éleveur, et son prix à Paris serait ainsi abaissé d'une manière sensible. Si je préconise l'élevage de préférence à une entreprise agricole c'est que, dans le sud-ouest, comme d'ailleurs dans toutes les régions de l'île, la main d'œuvre fait encore défaut; il répugne à l'indigène de cultiver la terre d'autrui; au contraire, il garde et soigne volontiers le troupeau d'un autre. Mais il y aura lieu d'apporter dans l'élevage, tel qu'il est fait à l'heure actuelle, de nombreux perfectionnements. Il faudra notamment améliorer les pâturages et amener des bêtes d'Europe pour faire des croisements.

1° *Amélioration des pâturages.* — Dans une région sèche comme celle du sud-ouest, tenter la culture des plantes fourragères de nos régions septentrionales serait s'attirer un échec presque certain. Il faut y développer les fourrages des contrées similaires; j'en signalerai deux: le cactus inerme et le téosinte. Le cactus inerme différant du figuier de Barbarie, par l'absence d'épines, pousse dans les terrains les plus ingrats et les plus secs, et constitue néanmoins une très bonne plante fourragère. Il a donné d'excellents résultats en Algérie et surtout en Tunisie. Sa culture est des plus simples; il est même inutile de défricher le terrain: on fait des trous très espacés les uns des autres, qu'on remplit de terre un peu ameublie, et on y plante deux ou trois raquettes qui se développent d'elles-mêmes sans exiger aucun soin.

Le téosinte (reana luxurians) a donné également de bons résultats en Tunisie, mais sa culture exige plus de soins. Ses tiges sont larges, tendres, légèrement sucrées, et atteignent parfois 3 mètres de haut; elles constituent un fourrage abondant que le bétail, et particulièrement le mouton, mange avec avidité.

Un essai de culture du téosinte a parfaitement réussi aux environs de Tulear. La terre dont on recouvre les graines doit être bien pulvérisée; de plus il faut détruire les mauvaises herbes et ne laisser subsister que les pieds vigoureux.

Enfin il serait de la plus grande utilité de pratiquer l'ensilage, c'est-à-dire d'entasser, pendant la saison des pluies, dans des fosses creusées en terre, des matières fourragères qui seront consommées par les animaux pendant la saison sèche.

2° Croisements. — C'est particulièrement le mouton malgache qu'on devra améliorer. Les races à préconiser dans ce but ce ne sont certes pas les races anglaises de Southdown ou de Dishley, pas plus que le grand mérinos français, qui sont fragiles et exigent une nourriture substancielle et abondante, mais les races vigoureuses habitant les régions quelque peu arides, telles que les mérinos de la Crau, les béliers de la montagne Noire (Aveyron), les béliers mérinos espagnols.

Bref, l'élevage est l'entreprise la plus sérieuse à tenter dans le sud-ouest et donnera lieu à un commerce florissant dont Tulear sera le centre.

Ce port est le meilleur et le plus sûr de la côte ouest; sa baie est très étendue et accessible, à toute heure de marée, aux plus gros bateaux; il possèdera dans quelque temps un appontement et un phare. Par sa situation privilégiée il est appelé à devenir le grand entrepôt du commerce de Madagascar avec les divers Etats du sud de l'Afrique; et, le jour où s'établira d'une façon régulière

entre Tulear et ces Etats le mouvement commercial, dont
j'ai parlé plus haut. ayant pour principal objet le bétail,
Tuléar, classé sixième port d'après le chiffre de ses exportations, deviendra la seconde ou troisième grande place de
commerce de l'Ile.

www.ingramcontent.com/pod-product-compliance
Ingram Content Group UK Ltd.
Pitfield, Milton Keynes, MK11 3LW, UK
UKHW020110100726
13658UKWH00005B/2083